KUNSTHALLE
der sparkasse **leipzig**

DIE LEIPZIGER SCHULE

blick in die sammlung/3

VORWORT

Peter Krakow, Vorstandsvorsitzender

Wozu Kunst? Unvermittelt taucht diese Frage oftmals angesichts problematischer gesellschaftlicher oder auch privater Lebenssituationen auf. Und es ist tatsächlich nicht immer leicht, Wirkung von Kunst zu messen, aktuell ihren Wert über den finanziellen hinaus zu bestimmen. Doch sind es nicht Worte, Töne, Bewegung, Form und Farbe, die ununterbrochen auf uns einwirken und mit denen wir umgehen? Also genau jene Bestandteile, aus denen Kunst entsteht?

Die Kunsthalle der Sparkasse Leipzig gehört mittlerweile zu jenen Kunsträumen, in denen man sich damit ganz unmittelbar auseinandersetzen kann. Viele Besucher fanden den Weg in die Kunsthalle, recht unterschiedlich waren Anlass und Reaktionen: einerseits kamen Kunstliebhaber als Touristen eher zufällig. Sie zeigten sich sehr überrascht von der hohen künstlerischen Qualität der Exponate. Andererseits suchten Leipziger nach „ihrer Kunst“, spürten so einem Teil ihres Lebens nach. Und es gab auch Skeptiker, die den Sinn dieses Raumes bezweifelten, dem Wert der Sammlung misstrauten und die dennoch Neugier trieb. Eines wiederholte sich bei allen: In der direkten Begegnung mit Malerei, Grafik, Fotografie und Skulptur der „Leipziger Schule“ konnte jeder seinen Favoriten ausmachen.

So individuell verschieden die Handschriften innerhalb der Kunst sind, die in und um Leipzig entstand, so vielfältig verströmt sie Sinnesreize. Die Anzahl der Besucher der Kunsthalle mag viel oder wenig aussagen, sie ist jedenfalls ein Beweis wie viel Vergnügen am Dialog entstehen kann, wie sehr Kunst zu begeistern versteht. Hinter derartigem Verhalten verbirgt sich nicht zuletzt auch das ureigenste Bedürfnis des Menschen nach Leidenschaftlichkeit, Genuss und Sinnlichkeit.

Um die Möglichkeiten dieser Auseinandersetzung mit Kunst noch zu erweitern, ist dieser jüngste Blick in die Sammlung als ständige Ausstellung vorgesehen. Darin wird es Sonderschauen zu speziellen Themen geben. Wir möchten den Veranstaltungsort Kunsthalle weiter beleben, dort mit jungen Leuten ins Gespräch kommen und ebenso mit älteren Generationen.

DIE LEIPZIGER SCHULE

Rückblick und Vorausschau anbetracht der Leipziger Schule

I.

Bevor die Blicke in die Sammlung sich spezielleren Themen zuwenden, soll der Blick 3 noch einmal einen allgemeinen Einblick in die stilistische Vielfalt der Leipziger Schule geben. Auswahl und Hängung folgen also auch hier rein ästhetischen Gesichtspunkten, mit der Absicht, die qualitativen Aspekte zu veranschaulichen.

Noch immer ist die Sammlung nicht komplett, noch immer fehlen wichtige Namen. Und in Bezug derer die wichtigen Werke, die eine Sammlung erst groß machen.

Nicht nur die Reaktionen der Fachkritik und auch die der öffentlichen Meinung geben zu erkennen, dass sich das Konzept der Sammlung einerseits bewährt hat, andererseits sich so nahe zur gegenwärtigen Entwicklung der bildenden Kunst in Leipzig befindet, dass es schwer ist, mit dieser Schritt zu halten und es allen recht zu machen.

Bleibt vorerst nur zu hoffen, dass die Künstler, die noch nicht bedacht werden konnten, trotz ihrer bemerkenswerten Leistungen innerhalb der Leipziger Kunstentwicklung, nicht die Geduld verlieren.

Das zu bearbeitende Feld ist sehr groß und die Mittel und die Zeit dafür sind begrenzt. Und nicht selten muss kurzfristig umdisponiert werden, denn der Mechanismus des Sammelns, auch bei aller gebotenen Strenge und Disziplin, hat seine eigene Dynamik. Sowie es sich eben um eine Entwicklung handelt, die sich noch voll im Prozess befindet mit allen Unebenheiten und Überraschungen.

Hinzu kommt: Die Produktivität der Künstler ist gottlob ungebrochen. Und auch der Wille, sich zu wandeln. Beständig entstehen Werke, die es wert sind, ihnen die größte Aufmerksamkeit zu schenken. Man denke zum Beispiel an die Scherenschnitte von Anette Schröter, an die neuesten Werke von Uwe Kowski, an die kontinuierliche Entwicklung eines Matthias Hoch, um nur, stellvertretend für viele, diese wenigen Beispiele zu nennen. Die Gestandenen sind selbst im hohen Alter noch voller Schaffenskraft. Und zu allem gesellt sich Jahr um Jahr eine Garde junger Künstler, die in manchem sehr viel versprechend ist.

Schaut man in die Kunstgeschichte, so verlaufen die Kunstentwicklungen Summa summarum in einem Zehnjahreszyklus. Und größere Entwicklungen währen meist nicht länger als dreißig Jahre. Es sei denn, es ist etwas Epochales im Vollzug.

Die Entwicklung in Leipzig, die für die Sammlung infrage kommt, umspannt inzwischen über fünfzig Jahre. Das ist ein halbes Jahrhundert Kunstgeschichte.

II.

Die Ausnahmesituation der Leipziger Kunstentwicklung anbetracht der eigenen, der sächsischen und der gesamtdeutschen Entwicklung ist in den beiden Katalogen Blick 1 und 2 bereits geschildert worden. Auch in Bezug auf die europäische Entwicklung sind die ersten Andeutungen gemacht worden. Ob es eine Bedeutung im Hinblick auf die Weltkunstentwicklung gibt, das ist vorerst kaum zu benennen, weder im positiven noch im negativen Sinne. Entsprechende Einflüsse sind bisher erkennbar nur von Dresden ausgegangen.

Jedoch, es sind vorsichtige Andeutungen in diese Richtung durchaus denkbar: Als anlässlich des siebzigsten Geburtstages von Werner Tübke in Bad Frankenhausen eine Ausstellung stattfand, in der u. a. eine Reihe von Bildern gezeigt wurden, die bis dahin in Europa kaum zu sehen waren, da sie auf kürzestem Wege vom Atelier über den großen Teich nach Nord- und Südamerika gelangten, da wurde eine Ahnung möglich, von der weltweiten Bedeutung seiner Kunst. Denn die weltweite Bedeutung einer Kunst misst sich ja nicht an den kunstkritischen Befindlichkeiten allein der Deutschen.

Ähnliches zeigte sich, als vor drei Jahren in Leipzig eine große, bemerkenswerte (leider kaum beachtete) Ausstellung zur Technik des Kupferstiches stattfand. Mit beträchtlichem Abstand zum Übrigen zeigte sich anhand dieser Ausstellung die Leistung Baldwin Zettls. Vergleichbar für die Schablithografie könnte man hier in diesem Sinne Rolf Münzner nennen. Im Bereich der freien Glaskünste Ulrike & Thomas Oelzner.

Dass der im Moment weltweit am teuersten bezahlte lebende Fotograf, Andreas Gursky, in Leipzig 1955 geboren wurde und die ersten Jahre seines Lebens dort aufgewachsen ist, hat gewiss nur den Wert einer Anekdote. Setzt man aber die Leistungen junger Leipziger Fotografen daneben und zieht in der Tradition Meister und Meisterinnen wie z. B. Evelyn Richter mit in Betracht, dann könnte man schon vermuten, dass sich Leipzigs Bedeutung dem gemäß nicht allein auf den einstigen weltweiten Ruhm als Fotozentrum (um 1900) beschränken muss, sondern berechtigte Hoffnung auf mehr gibt.

Das alles natürlich mit allen Vorbehalten. Die Einschätzung des zwanzigsten Jahrhunderts, insbesondere in Sachen Kunst, wird, wie es auch den vorherigen Jahrhunderten geschehen ist, erst eine geraume Zeit danach erfolgen.

III.

Die nun bereits, wie erwähnt, gut fünfzig Jahre währende Entwicklung der bildenden Kunst in Leipzig besitzt vorerst wenig Merkmale einer Auflösung. Im Gegenteil, der Moment der Hoffnung für die Zukunft lässt starke Impulse erkennen. Man denke nur an den augenblicklichen kometenhaften Aufstieg Neo Rauchs und die damit verknüpfte stimulierende Wirkung auf die junge und jüngste Generation. Wer hier vergleichbare Entdeckungen machen will, wird noch einige originelle, eigenständige und vor allem hochproduktive Talente finden.

Auch im Bereich der Fotografie scheint der Fluss der Nachdrängenden noch nicht zu versiegen.

Zu allem gibt es immer wieder Neues auch im Alten zu entdecken. Noch immer verbergen sich Teile individueller künstlerischer Entwicklungen in Kellern und auf Dachböden. Noch immer gibt es ganze Lebenswerke, die beachtenswerter Bestandteil der Leipziger Kunstentwicklung sind und doch von der Öffentlichkeit, aber auch von den meisten der Fachleute, noch nicht gesehen wurden, da sie sich ausschließlich, verstreut, in privatem Besitz befinden.

Der Verlauf der deutsch-deutschen Geschichte hat seine Spuren auch hier hinterlassen und Talente ins öffentliche Abseits gedrängt, bevor auch nur ahnungsweise die Öffentlichkeit davon Kenntnis nehmen konnte. Und diese deutsch-deutsche Geschichte ist in ihrem Verlauf mitunter noch verrückter gewesen als es den meisten bisher bewusst geworden ist. So gibt es vergleichbare Schicksale in Ost und West, die in unterschiedlichen Staatsformen den gleichen Verursacher hatten: Gleich wie, es war auf beiden Seiten der eigentliche Urheber das Denken jener diktatorischen Strukturen, die von links oder rechts das zwanzigste Jahrhundert erschütterten (vor und nach 1945) und in Deutschland vor allem auch die Generation trafen, die in den fünfziger Jahren ihren eigentlichen Höhepunkt hatte. Jene Künstler, die sich der Fortführung der klassischen Moderne der Vorkriegszeit verpflichtet fühlten, mit den großen Anregern Picasso, Matisse, Miró usw. Aber auch der deutsche Verismus bleibt, vor allem im Westen, lange Zeit nach dem Kriege unbeachtet.

Der Einfluss Amerikas spätestens ab 1962 (2. Biennale in Venedig) und eine auch personell in der Selbstdarstellung potente und im Durchsetzungsvermögen nicht zimperliche neue Generation (Beuys, Baselitz, Lüpertz etc.) machten im Westen besagte Kunstentwicklung, von der bereits schon Ende der sechziger Jahre niemand mehr Kenntnis nahm, zu einem Niemandsland. Namen wie Nay oder Schumacher z. B. waren damals zwar einem eingeweihten Kreis ein Begriff, die Allgemeinheit aber wusste nichts davon.

Und leider war noch hinzugekommen, dass ab den 50er Jahren die klassische Moderne in tödlichem Maße vom Kommerz adaptiert wurde bis hinein in die heile Welt des Kleinbürgertums (Der Nierentisch ist nur die bekannteste Form dieser Entgleisungen). Alles was auch nur andeutungsweise damit in Verbindung gebracht werden konnte, war fortan für die gehobenen Kunstbereiche nicht mehr akzeptabel (Man denke hier z. B. an die unzähligen Wandbehänge und Gipsschnitte in den guten Stuben der breiten Öffentlichkeit).

So wurde diesen Künstlern im Westen nach der nationalsozialistischen Verfolgung und Verunglimpfung (Entartete Kunst, Malverbot etc.) nach dem Kriege und dem Ende des Nationalsozialismus eine zweite Missachtung oder wenn auch nur Nichtbeachtung zuteil.

Im Osten blieben sie zwar gleichfalls in den Museen, soweit sie dort das tausendjährige Reich überstanden hatten oder durch andere Umstände nach dem Kriege dahingelangten. Und man zeigte auch das Wenige, das es gab. Aber an den Kunsthochschulen wurden alle Lehrauffassungen, die dahin tendierten, abgeschafft, kaum dass sie nach Kriegsende mit großem Enthusiasmus zu neuem Leben erwacht waren. Alles Weitere hatte keine Chance in die Öffentlichkeit der sozialistischen All- und Festtage zu gelangen – ausgenommen natürlich der Nierentisch, die Wandbehänge und Gipsschnitte.

Nur der Verismus fand im Osten Deutschlands durch seine stilistische Nähe zur proletarisch-revolutionären Kunst bereits seit den sechziger Jahren etwas früher Beachtung. Ebenso der Expressionismus durch Künstler wie Meidner oder Kokoschka. Menzel war nach Kriegsende bis in die fünfziger Jahre auf beiden Seiten bestens bekannt und in der Rezeption seiner Werke gefördert.

Wer sich an Picasso, Miró usw. anlehnte, hatte es schwer und ließ bald wieder davon ab (z. B. Tübke, Sitte, H. Müller etc.). Die, die daran festhielten (Martin, Trauzettel, Frühauf z. B.), blieben unbekannt. Mancher bis heute. – In den Sonderausstellungen der Kunsthalle der Sparkasse werden wir uns diesen Themen, soweit es noch möglich ist, zuwenden.

Es wird also auch hier ersichtlich, dass nicht nur zur Gegenwart hin, sondern ebenso zur Vergangenheit noch manches aufzuarbeiten ist, um die Sammlung in den Zustand zu bringen, dass sie für die zukünftigen Generationen den besten Ein- und Überblick gibt über die Leipziger Kunstentwicklung von 1946 bis heute (Man sollte zusätzlich dabei nicht vergessen, welche wichtige Rolle eine bemerkenswerte Kunstentwicklung für die Identifikationsmöglichkeiten mit einer Stadt spielt. Und wie wichtig es ist für das Rufbild dieser Stadt nach innen und nach außen. Die Stadt sollte dankbar sein, über dergleichen verfügen zu können).

IV.

Gegenstand der Sammlung ist die Kunstentwicklung in Leipzig von 1946 bis heute mit Schwerpunkt in Richtung der Leipziger Schule. Hier stellt sich die Frage, ab wann es sich von einer Leipziger Schule sprechen lässt?

Es wurde in den vorangegangenen Katalogen dargelegt, dass sich der Begriff der Leipziger Schule nicht allein auf die Hochschule für Grafik und Buchkunst begrenzen lässt. Obwohl es in diesem Zusammenhang einen Moment gibt, der für die Entwicklung der Leipziger Schule von nicht unerheblicher Bedeutung ist. Es ist das der Moment, als es Bernhard Heisig gelang, 1961 die erste freie Malklasse an der HGB einzurichten. Bis dahin war die HGB eine reine Schule für die angewandten Künste.

Unter dem Gesichtspunkt aller stilistischen Entwicklungen, die sich innerhalb der Leipziger Schule entfalteten, muss man aber den Beginn auf das Jahr 1946 legen, spätestens auf das Jahr 1948, dem Jahr der ersten Leipziger Messe nach dem Kriege.

Eindeutig sichtbar in seiner Kraft, Vielgestaltigkeit und inhaltlichen Bedeutung wird diese Entwicklung aber dergestalt, dass man schon damals von einer Leipziger Schule hätte sprechen können anlässlich der Ausstellung zum 20. Jahrestag der DDR im Messehaus am Markt.

Gleich einem gewaltigen Paukenschlag, der sehr unangenehm bis in die höchsten Ohren nach Berlin (Ost) gelangte, war Leipzig, jedenfalls zunächst für den Osten Deutschlands, über Nacht im Gespräch. Und als spätestens 1974, anlässlich der VII. DDR-Kunstausstellung in Dresden auch der Westen interessiert auf die Ostkunst blickte (siehe z. B. Sammlung Ludwig), da war es der Leipziger Beitrag, der vor allem diese Aufmerksamkeit nach außen hin erzielte.

Um 1983 dann gab es keine Kunsthochschule mehr im Osten, die nicht von Künstlern dominiert wurde, die aus Leipzig kamen oder dort nur studiert hatten oder auch indirekt von Leipzig her beeinflusst waren.

Dass es der Leipziger Kunstentwicklung im Hinblick auf die Kunstentwicklung im Osten letztendlich nicht so erging, wie der alles niedermachende Einfluss Klingers auf die Kunstentwicklung in Leipzig seit den achtziger Jahren des 19. Jahrhunderts, das ist wohl allein wieder den Leipziger Bürgern zu verdanken, als sie mit ihrer Zivilcourage im Herbst 1989 das Ende der DDR einläuteten und damit die alles vereinnahmende Entwicklung der Leipziger Kunst stoppten und in eine andere, nicht weniger potente, aber freiere Bahn lenkten.

Ob von innen oder von außen, die Versuche, die Leipziger Kunstentwicklung der letzten vierzig Jahre zu bagatellisieren, zu verneinen oder totzuschweigen, haben aufgehört. Auch der Begriff der Leipziger Schule hat sich als praktikabel gezeigt. Und wenn es gelingt, ihn als Synonym und Garantie für hohe künstlerische und handwerkliche Qualität fortzuführen, wird das lange ein gutes Omen sein, denn die nationale und internationale Kunstentwicklung kommt diesem Credo zunehmend entgegen.

Es ist aber nicht nur die künstlerische und handwerkliche Qualität allein, die die Maßstäblichkeiten für den Begriff Leipziger Schule setzen. Es lassen sich auch andere Gemeinsamkeiten entdecken, die Grund genug geben, dass der Begriff bestehen bleibt. Doch davon später.

Leipzig, im September 2002 — Claus Baumann

BILDTEIL

Frank Berendt, Vergessenes Kinderbild II, 1996,
Oel auf Hartfaser, 83 x 122 cm

Günter Firit, Stadtlandschaft, 1983,
Oel auf Hartfaser, 175 x 147 cm

Volker Baumgart, o. T.,
Kreidezeichnung, 120 x 90 cm

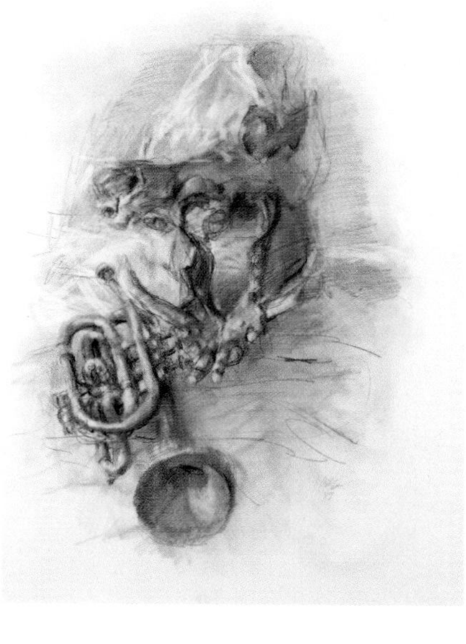

Bernhard Heisig, Stilleben mit Trompete, 1989, Bleistiftzeichnung, 67 x 51 cm

Harald Bauer, Komposition Nr. 89 (aus der Reihe "Veduten"), 1996,
Mischtechnik auf Spanplatte, 55 x 55 cm

Joachim Scholz, Und weil der Mensch ein Mensch ist, 1978,
Oel auf Hartfaser, 71 x 100,5 cm

Andreas Wachter, Musizierende, 1979/80,
Oel auf Hartfaser, 137 x 168 cm

Gil Schlesinger, April, 1976,
Oel auf Leinwand, 99 x 109 cm

Wolfgang Peuker, Maske (Annette schminkend), 1994,
Oel auf Hartfaser, 101 x 70 cm

Georg Brendler, Blondi (Musikant), ca.1985,
Mischtechnik auf Hartfaser ,74 x 52 cm

Manfred Martin d. Ä., op. 17 Straße in N., 1949,
Kohle auf Karton, 27,5 x 18 cm

Olaf Nicolai, Am Getriebe, 1994,
Collage/Oelstift auf Oelpapier, 48 x 47 cm

Günter Richter, Anhalter Bahnhof, 1989,
Blei/Kugelschreiber/farbige Kreide/Deckweiß auf Papier, 58,5 x 79,5 cm

Gerald Müller-Simon, Straße in Borna, 1992,
Oel auf Hartfaser, 80 x 90 cm

Rolf Münzner, Traumzeit, 1992,
Steindruck, Asphaltschabtechnik, 39,7 x 29,5 cm

Axel Krause, Der Ausflug, 1996/97,
Oel auf Leinwand, 130 x 170 cm

Gudrun Brüne, Akt, 1974,
Oel auf Hartfaser, 60 x 80 cm

Detlef Lieffertz, Der Betrachter, 1998,
Acryl auf Hartfaser, 115 x 127 cm

Roland Meinel, Quadrat in der Mitte, 1989,
Acryl auf Leinwand, 100 x 100 cm

Günter Albert Schulz, Gartenbild I/II, 1993,
Oel auf Hartfaser, je 85 x 60 cm

Oliver Kossack, Von A nach B, 1999,
Oel auf Leinwand, 250 x 200 cm

Christoph Ruckhäberle, Park, 2001,
Oel auf Leinwand, 180 x 180 cm

Maix Mayer, birds Paris, 1995,
s/w Fotografie, 100 x 122 cm

Ingolf Schelhorn, Interieur, 1996,
Mischtechnik auf Hartfaser, 60 x 59,5 cm

Caroline Kober, Öffnung, 1994,
Mischtechnik auf Papier, 102 x 73 cm

Neo Rauch, Das Dock, 1994,
Oel auf Papier, 188 x 233 cm

Wolfram Ebersbach, Leipziger Hauptbahnhof, 1990,
Acryl auf Leinwand, 140 x 240 cm

Wolfgang Mattheuer, Amor und die drei Grazien, 1983/94,
Oel auf Hartfaser, 125 x 100 cm

Katrin Kunert, Früchte-nachts, 1998,
Tusche/Gouache auf Fotokopien, 30 x 42 cm

Gert Pötzschig, Einsames Haus, 1980,
Oel auf Pappe, 42,2 x 53,6 cm

Madeleine Heublein, Kleiner Torso, 1996,
Oel auf Leinwand, 110 x 49,6 cm

Daniela Hussel, Kleiner Ausgang, 1993,
Oel auf Leinwand, 130 x 180 cm

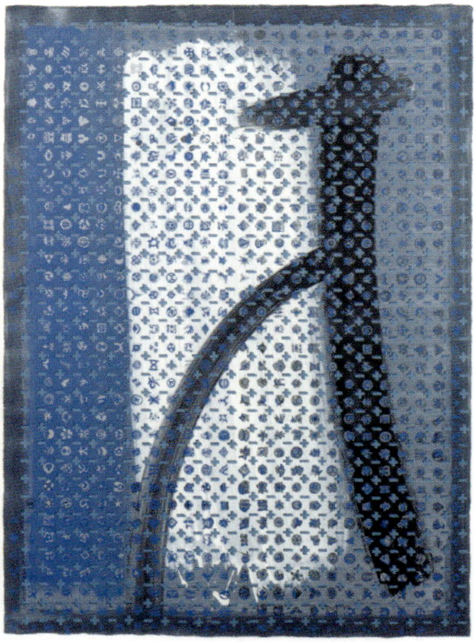

Wolfgang Biedermann, Zeitzeichen II, 1995,
Papierarbeit, Farbradierung übermalt, überzeichnet, 106 x 79 cm

Hans-Hendrik Grimmling, Nr.30, 2000,
Acryl auf Leinwand, 120 x 140 cm

Christiane Wachter, Aus der Mitte, 1999,
Collage auf Papier, 64,5 x 91 cm

Werner Tübke, Landschaft bei Leipzig, um 1958,
Oel auf Leinwand, 42 x 60 cm

Knut Mülier, Intermission, 1992,
Oel auf Pappe, 67 x 49 cm

Käte Müller, Die Solistin, 1975,
Oel auf Hartfaser, 20 x 15 cm

Renate Herfurth, Tschaikowskistraße Haus Nr. 18, 1998,
Aquarell, 39 x 30 cm

Gudrun Petersdorff, Eisbecher, Schale, 1997,
Fayence, H 27,5 cm / H 10 x B 34 x T 15 cm

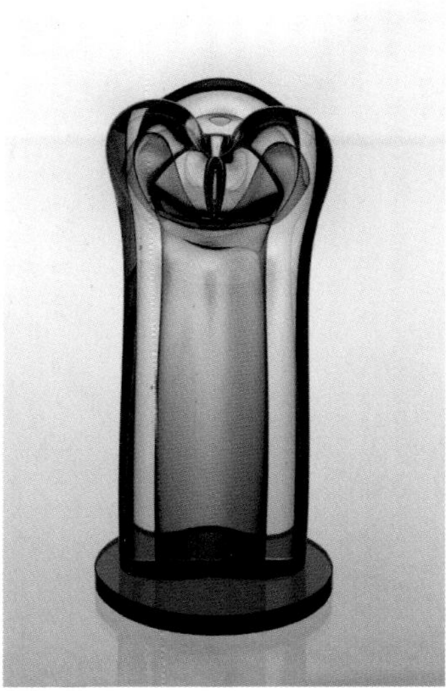

Ulrike und Thomas Oelzner, Modulation, 1986,
Studioglas/frei geblasen, Höhe 21cm

Klaus Schwabe, Stürzender Ikarus, 1996,
Bronze, H 71 x B 21 x T 17 cm

Otto Berndt Steffen, Polarität, 1995,
Petit Granit, H 32 x B 27,5 x T 9 cm

Peter Sylvester, Formversuche mit Steinzeug, 1966,
Keramik/glasiert, 27 x 36 cm

Gerhard Kurt Müller, Stehende, 2000,
Bronze, H 175 cm

Karl-Heinz Appelt, sich umwendender Torso, 1994, Bronze/pat., H 154 x B 85 x T 80 cm

Hartmut Klopsch, Ringer-Kugel, 1995,
Bronze, H 7 cm

Rudolf Oelzner, Junger Elefant, 1935,
Bronze, 11 x 15 cm

Reinhard Minkewitz, Ungleiche Schwestern, 1997,
Keramik, H 19 cm

Rolf Kuhrt, Torso, 1994,
Birne, H 51 cm

Wolfgang Henne, 2 Figuren,
Keramik, H 16 cm

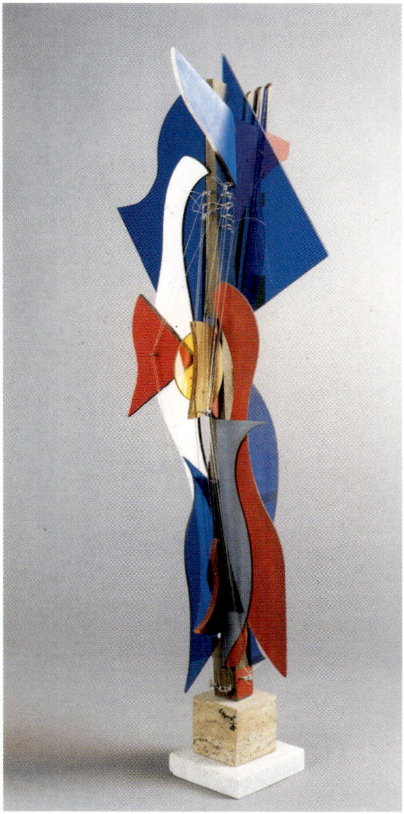

Günter Huniat, 1. Wetterzeichen für Vogel und Fisch, 1987,
Holz/Metall/Piacryl mit Sockel, H 104 x B 40 x T 33 cm

Egbert Herfurth, Haus A. D., 1990,
Acrylstich, 18,3 x 14,3 cm

Ursula Mattheuer-Neustädt, Porträt Rainer Maria Rilke, 1980,
Bleistift auf Karton, 85 x 70 cm

Michael Möbius, Nähtisch mit Musikinstrument und Eule, 1995, Oel auf Papier, 61 x 43 cm

Jost Giese, Entinselung, 1999,
Kaseinemulsion auf Leinwand, 85 x 80 cm

Annette Schröter, Leipzig, nachts VIII, 1998,
Oel auf Leinwand, 60 x 80 cm

Eberhard Löbel, Erinnerung, 1974,
Oel auf Hartfaser, 56 x 62 cm

Sighard Gille, Carol/Porträt, 1999,
Oel auf Leinwand, 90 x 74 cm

Heinz Müller, Im Keller, 1978,
Oel auf Hartfaser, 45 x 31 cm

Christl Maria Göthner, Allein, 1995,
Steindruck, 42 x 30 cm

Hartwig Ebersbach, Kaspar (B), Kaspar (C), Kaspar (E), 1992,
Farbholzschnitt, je 85 x 60 cm

Ulf Puder, Der Anspruch, 1992,
Oel auf Leinwand, 120 x 80 cm

Gerhard Altenbourg, wo-ja-wo, 1982,
Sepia, Pitt-Kreide, Rötel u. a., 61 x 27 cm

Roland Borchers, Transmission, 1993,
Mischtechnik auf Leinwand, 180,5 x 130,5 cm

Volker Stelzmann, Werkstatt mit J. C., Da. P. und L. L., 1982,
Mischtechnik auf Hartfaser, 178,5 x 118,5 cm

Matthias Klemm, Passion, 1982,
Lithografie, 43 x 40 cm

Michael Kunert, Schwimmer ist auf Lavagrund, 1987,
farbige Zeichnung, 83 x 75 cm

Heinz Zander, Selbst als Manierist mit Schlafmütze, 1989,
Oel auf Hartfaser, 60 x 50 cm

Dietrich Burger, Tanz auf der Tenne, 1986,
Mischtechnik auf Hartfaser, 45,5 x 55,8 cm

Monika Geilsdorf, Kosmische Landschaft, 1988,
Pastell auf farbigem Papier, 50 x 60 cm

Marita Schulz, Fischstilleben, 1976,
Hinterglasmalerei, 30 x 36 cm

Andreas Weißgerber, Maschinengeißel,
Radierung, 29,5 x 35,4 cm

Baldwin Zettl, Lebensstufen, 1995,
Kupferstich, 21 x 23,5 cm

Gudrun Pontius, Alter Mann und Mädchen, 1968,
Oel auf Hartfaser, 29,5 x 24,3 cm

Kurt Dornis, Karl-Heine-Kanal, 1999,
farbige Kreide auf Karton, 61 x 46,5 cm

Jörg Herold, Piktographisches Alphabet (Ballon), 1995,
Latex/Beize auf Papier, 42 x 29,7 cm

Roland Frenzel, Vorstadthäuser,
farbige Tusche/farbige Kreide auf Karton, 20,8 x 29,2 cm

Wolfgang KE Lehmann, o. T., 1989,
Kaltnadelradierung/Prägedruck farbig, 30,7 x 39 cm

Akos Novaky, Ala, 1997,
Holzschnitt, 55 x 80 cm

Christine Ebersbach, Portrait mit Pelzmütze, 1981,
Farbholzschnitt, 31,7 x 31 cm

Monika Scholz, Petra, 1991,
Kreide/Bleistift auf Packpapier, 59,1 x 41,9 cm

Uwe Kowski, o. T. (298), 1994,
Kohle, Acryl auf Leinwand, 94 x 58 cm

Stefan Thomas Wagner, Figurin, um 1994,
Farbradierung auf Bütten, 64 x 59,5 cm

Matthias Hoch, Leipzig IV, 1992,
C-Print/Handabzug, 50 x 60 cm

Paul Zimmermann, Noch N, 1980,
farbige Oelkreide auf Karton, 47,2 x 47,2 cm

Ute Meinhardt, Downtown, 2000,
Acryl auf Karton, 100 x 70 cm

Hartmut Piniek, Familie, 1987,
Oel auf Leinwand, 96 x 60 cm

Ingo Regel, o. T. (IR 02), 1995,
Monotypie, 54 x 41,7 cm

Frank Ruddigkeit, Spanische Landschaft (Gogol und Dalí auf einem Spaziergang), 1988, Oel auf Hartfaser, 48 x 55 cm

Jörg Lohse, Akt in der Landschaft, 1999,
Grafit auf Karton, 23,5 x 69 cm

Michael Schmidt, Leiter, 1996,
Oel/Tempera auf Holz, 70 x 38,6 cm

Hannelore Röhl, Kirche, 1993,
Aquarell, Buntstift, Tusche, 9,5 x 13,5 cm

Kaeseberg, Keltischer Block I-VI, 1996,
Siebdruck, je 67 x 50 cm

BIOGRAFIEN

Gerhard Altenbourg [Abb. S. 79]

1926	in Rödlichen-Schnepfenthal/Thüringen geboren
1947/48	Unterricht bei dem Altenburger Maler und Bildhauer Erich Dietz
1948-50	Studium an der Hochschule für Baukunst und Bildende Künste in Weimar bei Hans Hoffmann-Lederer
1989	verstorben

Karl-Heinz Appelt [Abb. S. 61]

1940	in Radebeul geboren
1960-65	Hochschule für Bildende Künste, Dresden Fachrichtung Plastik bei Walter Arnold, Gerd Jaeger, Hans Steger und Herbert Naumann
seit 1991	Lehrbeauftragter an der HGB*
	lebt und arbeitet in Kahla

Harald Bauer [Abb. S. 20]

1938	in Königsberg/Ostpreußen geboren
seit 1958	autodidaktische Beschäftigung mit Malerei und Grafik
	Besuch der Abendakademie an der HGB bei Walter Münze
1963-70	Studium an der Ingenieurschule, Maschinenbau
	lebt und arbeitet in Leipzig

Volker Oswald Baumgart [Abb. S. 18]

1944	in Bunzlau/Schlesien, (heute Polen) geboren
1975-78	Studium an der Fachschule für angewandte Kunst in Schneeberg, Fachklasse Holzgestaltung
	lebt und arbeitet in Leipzig-Abtnaundorf

Frank Berendt [Abb. S. 16]

1964	in Leipzig geboren
1988-93	Studium an der HGB bei Dietrich Burger, Hartmut Piniek und Arno Rink
1993	Meisterschüler von Ralf Urban Bühler
	lebt und arbeitet in Leipzig

Wolfgang E. Biedermann [Abb. S. 48]

1940	in Plauen geboren
1961-67	Studium an der HGB bei Gerhard Kurt Müller
	lebt und arbeitet in Leipzig

*HGB = Hochschule für Grafik und Buchkunst Leipzig

Roland Borchers [Abb. S. 80]

1958	in Leipzig geboren
1979-84	Studium an der HGB bei Heinz Wagner und Hartwig Ebersbach
1987-89	Meisterschüler bei Arno Rink
	lebt und arbeitet in Leipzig

Georg Brendler [Abb. S. 25]

1943	in Taubenheim an der Spree geboren
1964-70	Studium an der HGB bei Bernhard Heisig und Wolfgang Mattheuer
	lebt und arbeitet in Leipzig

Gudrun Brüne [Abb. S. 32]

1941	in Berlin geboren
1961-66	Studium an HGB bei Bernhard Heisig und Heinz Wagner
1977-99	Dozentin an der Hochschule für Industrielle Formgestaltung Halle, Burg Giebichenstein
	lebt und arbeitet in Strodehne/Brandenburg

Dietrich Burger [Abb. S. 85]

1935	in Bad Frankenhausen geboren
1953-58	Studium an der HGB bei Bernhard Heisig
1992	Professur für Malerei und Grafik, Grundstudium
	lebt und arbeitet in Roda

Kurt Dornis [Abb. S. 91]

1930	in Glogau/Schlesien geboren
1949-52	Studium an der Fachschule für angewandte Kunst Leipzig bei Walter Münze
	lebt und arbeitet in Leipzig

Christine Ebersbach [Abb. S. 96]

1954	in Strelln geboren
1973-78	Studium an der HGB bei Rolf Kuhrt und Dietrich Burger
	lebt und arbeitet in Wurzen

Hartwig Ebersbach [Abb. S. 77]

1940	in Zwickau geboren
1959-64	Studium an der HGB bei Bernhard Heisig
1979-83	Lehrtätigkeit an der HGB
	lebt und arbeitet in Leipzig

Wolfram Ebersbach [Abb. S. 42]

1943	in Zwickau geboren
1966-71	Studium an der HGB bei Wolfgang Mattheuer
seit 1992	Lehrtätigkeit an der HGB
	lebt und arbeitet in Wurzen

Günter Firit [Abb. S. 17]

1947	in Börnecke bei Blankenburg geboren
1970-71	Studium an der Hochschule für Bildende Künste Dresden
1980-83	Meisterschüler an der Akademie der Künste der DDR bei Bernhard Heisig
	lebt und arbeitet in Puchheim bei München

Roland Frenzel [Abb. S. 93]

1938	in Leipzig geboren
seit 1972	freischaffend als Autodidakt tätig
	Entwicklung im Kontakt mit E. Koch, W. Bodenthal, Th. Weise
	lebt und arbeitet in Leipzig

Monika Geilsdorf [Abb. S. 86]

1949	in Leipzig geboren
1970-75	Studium an der HGB bei Irmgard Horlbeck-Kappler, Fritz Fröhlich, Karl-Georg Hirsch und Volker Stelzmann
	lebt und arbeitet in Leipzig

Jost Giese [Abb. S. 71]

1953	in Meißen geboren
1975-80	Studium an der HGB bei Arno Rink und Bernhard Heisig
	lebt und arbeitet in Leipzig

Sighard Gille [Abb. S. 74]

1941	in Eilenburg geboren
1965-70	Studium an der HGB bei Bernhard Heisig und Wolfgang Mattheuer
1974-76	Meisterschüler von Bernhard Heisig an der AK Berlin/Ost
1977-80/86	Lehrtätigkeit an der HGB
1992	Berufung zum Professor
	lebt und arbeitet in Leipzig

Christl Maria Göthner [Abb. S. 76]

1957	in Bad Lausick geboren
1976-84	Studium an der HGB bei Bernhard Heisig
1990-93	Meisterschülerin an der Akademie der Künste in Berlin bei Bernhard Heisig und Joachim John
	lebt und arbeitet in Leipzig

Hans-Hendrik Grimmling [Abb. S. 49]

1947	in Zwenkau geboren
1969	Grundstudium an der Hochschule für Bildende Künste Dresden
1970	Grundstudium an der HGB
1971-74	Studium der Freien Malerei an der HGB bei Wofgang Mattheuer
1974-77	Meisterschüler bei Gerhard Kettner
	lebt und arbeitet in Berlin

Bernhard Heisig [Abb. S. 19]

1925	in Breslau geboren
1948	Kunstgewerbeschule Leipzig, Fachklasse Dekorative Malerei bei Walter Münze
1949	Akademie für grafische Künste bei Max Schwimmer
1961-64	Professur und Wahl zum Rektor an der HGB
1976	erneute Wahl zum Rektor an der HGB
seit 1993	lebt und arbeitet in Strodehne/Brandenburg

Wolfgang Henne [Abb. S. 66]

1949	in Leipzig geboren
1975-80	Studium an der HGB bei Irmgard Horlbeck-Kappler
1983-85	Meisterschüler an der Akademie der Künste Berlin bei Werner Klemke
	lebt und arbeitet in Leipzig

Egbert Herfurth [Abb. S. 68]

1944	in Wiese/Schlesien geboren
1964-69	Studium an der HGB bei Wolfgang Mattheuer
1974-77	Meisterschüler bei Albert Kapr
	lebt und arbeitet in Leipzig

Renate Herfurth [Abb. S. 54]

1943	in Guben geboren
1967-72	Studium an der HGB bei Karl Georg Hirsch, Dietrich Burger und Irmgard Horlbeck-Kappler
seit 1981	Lehrtätigkeit am Institut für Kunstpädagogik der Universität Leipzig
	lebt und arbeitet in Leipzig

Jörg Herold [Abb. S. 92]

1965	in Leipzig geboren
1980-86	Vorstudium an der HGB
1987-90	Studium der Malerei in Leipzig und Berlin
	lebt und arbeitet in Leipzig und Berlin

Madeleine Heublein [Abb. S. 46]

1963	in Leipzig geboren
1991-92	Besuch der Abendakademie der HGB
seit 1992	freischaffend als Malerin und Grafikerin
	lebt und arbeitet in Leipzig

Matthias Hoch [Abb. S. 100]

1958	in Radebeul geboren
1983-88	Studium der Fotografie an der HGB
1991	Meisterschüler an der HGB
	lebt und arbeitet in Leipzig

Günter Huniat [Abb. S. 67]

1939	in Thammühl/Böhmen geboren
1965-68	Studium der Sozialpädagogik in Ludwigsfelde
seit 1973	als Künstler-Autodidakt freischaffend
	lebt und arbeitet in Leipzig

Daniela Hussel [Abb. S. 47]

1963	in Berlin geboren
1984-87	Studium an der Hochschule der Bildenden Künste Dresden, Theatermalerei bei Günther Petzold und Jürgen Klaus
1992-95	Aufbaustudium an der HGB bei Sighard Gille und Rolf Münzner
	lebt und arbeitet in Leipzig

Kaeseberg [Abb. S. 109]

1964 in Leipzig geboren
Autodidakt
lebt und arbeitet in Leipzig

Matthias Klemm [Abb. S. 82]

1941 in Bromberg/(Bydgoszcz) geboren
1960-65 Studium an der HGB bei Heinz Wagner und Irmgard Horlbeck-Kappler
lebt und arbeitet in Leipzig

Hartmut Klopsch [Abb. S. 62]

1944 in Berlin geboren
1967-71 Studium der Kunsterziehung/Geschichte an der Universität Leipzig
1987-89 Lehrtätigkeit an der Hochschule für industrielle Formgestaltung Halle, Burg Giebichenstein
lebt und arbeitet in Leipzig

Caroline Kober [Abb. S. 40]

1962 in Leipzig geboren
1981-86 Studium an der HGB bei Dietrich Burger, Volker Stelzmann und Arno Rink
lebt und arbeitet in Leipzig

Oliver Kossack [Abb. S. 36]

1967 geboren in Tel Aviv
1991-96 Studium der Malerei und Grafik an der HGB
1996-98 Aufbaustudium an der HGB bei Arno Rink
seit 1999 Assistent der Malerei/Grafik an der HGB

Uwe Kowski [Abb. S. 98]

1963 in Leipzig geboren
1984-89 Studium an der HGB bei Dietrich Burger und Bernhard Heisig
lebt und arbeitet in Leipzig

Axel Krause [Abb. S. 31]

1958 in Halle/Saale geboren
1981-86 Studium an der HGB bei Dietrich Burger, Volker Stelzmann und Arno Rink
1994 Aufbaustudium Kunst-Therapie an der Hochschule für Bildende Künste Dresden
lebt und arbeitet in Leipzig

Rolf Kuhrt [Abb. S. 65]

1936	in Bergzow bei Genthin geboren
1956-62	Studium an der HGB bei. Wolfgang Mattheuer, Elisabeth Voigt, Irmgard Horlbeck-Kappler, Albert Kapr und Bernhard Heisig
1980	Berufung zum Professor, Leiter der Fachklasse für Grafik und Illustration an der HGB
	lebt und arbeitet in Leipzig

Katrin Kunert [Abb. S. 44]

1962	in Leipzig geboren
1982-89	Studium an der HGB bei Hildegard Korger und Rolf Kuhrt
1992/93	Aufbaustudium
seit 1998	künstlerische Assistentin an der HGB
	lebt und arbeitet in Leipzig

Michael Kunert [Abb. S. 83]

1954	in Leipzig geboren
1978-83	Studium an der HGB bei Dietrich Burger und Hartwig Ebersbach
seit 1997	Lehrtätigkeit im Leipziger Kreativitätszentrum des Bildungs- und Forschungsinstitutes Prof. Dr. Hg. Mehlhorn
	lebt und arbeitet in Leipzig

Wolfgang KE Lehmann [Abb. S. 94]

1950	in Lichtentanne geboren
1977-82	Studium an der HGB
	lebt und arbeitet in Leipzig

Detlef Lieffertz [Abb. S. 33]

1949	in Leipzig geboren
1978-83	Studium an der HGB bei Heinz Wagner und Hartwig Ebersbach
1983-85	Zusatzstudium in der Lithografie-Werkstatt der HGB bei Horst Arloth
	lebt und arbeitet in Leipzig

Jörg Lohse [Abb. S. 106]

1966	in Dippoldiswalde geboren
1996-2001	Studium an der HGB in Leipzig
	lebt und arbeitet in Leipzig

Eberhard Löbel [Abb. S. 73]

1938	in Greifenhagen geboren
1961-66	Studium an der HGB in der Fachklasse für Freie Grafik bei Bernhard Heisig
	lebt und arbeitet in Leipzig

Manfred Martin d. Ä. [Abb. S. 26]

1930	in Leipzig geboren
1948-50	Studium an der Akademie für Grafik und Buchkunst Leipzig bei Eberhard Strüning und Elisabeth Voigt
	lebt und arbeitet in Leipzig

Wolfgang Mattheuer [Abb. S. 43]

1927	in Reichenbach/Vogtland geboren
1946-47	Studium an der Kunstgewerbeschule Leipzig bei Karl Miersch und Kurt Querner
1947-51	Studium an der HGB bei Egon Pruggmayer, Elisabeth Voigt und Walter Arnold
1965-74	Professor für Malerei und Freie Grafik an der HGB
	lebt und arbeitet in Leipzig

Ursula Mattheuer-Neustädt [Abb. S. 69]

1926	in Plauen/Vogtland geboren
1948-52	Studium an der HGB bei Egon Pruggmayer, Walter Arnold und Elisabeth Voigt
	lebt und arbeitet in Leipzig

Maix Mayer [Abb. S. 38]

1960	in Leipzig geboren
1987	Diplom in Meeresbiologie
1991-95	Arbeits- und Aufenthaltsstipendium (Mousonturm, Frankfurt/M.; Schloß Rödershof; Künstlerhaus Selk; Schloß Wiepersdorf)
	Autodidakt
	lebt und arbeitet in Leipzig

Roland Meinel [Abb. S. 34]

1951	in Rodewisch/Vogtland geboren
1972-76	Studium an der Universität Leipzig, Kunsterziehung und Geschichte bei Frank Neubauer
1976-79	Forschungsstudium an der Universität Leipzig bei Günther Regel, Kunsttheorie
1984-88	Studium an der Fachschule für angewandte Kunst Schneeberg
seit 1991	Lehrtätigkeit am Institut für Kunstpädagogik der Universität Leipzig
	lebt und arbeitet in Leipzig

Ute Meinhardt [Abb. S. 102]

1955	in Greiz geboren
1978-86	Studium an der HGB bei Dietrich Burger und Bernhard Heisig
	lebt und arbeitet in Leipzig

Reinhard Minkewitz [Abb. S. 64]

1957	in Magdeburg geboren
1979-84	Studium an der HGB bei Rolf Kuhrt
1987-89	Meisterschüler bei Gerhard Kettner
	lebt und arbeitet in Leipzig

Michael Möbius [Abb. S. 70]

1951	in Hartha geboren
1969-73	Kunsterziehungsstudium an der Universität Leipzig bei Günter Albert Schulz
1974-76	Werkstattleiter Grafik im Fachbereich Kunsterziehung der Universität Leipzig
	lebt und arbeitet in Leipzig

Gerhard Kurt Müller [Abb. S. 60]

1926	in Leipzig geboren
1948-52	Studium an der HGB bei Kurt Maßloff und Elisabeth Voigt
1961	Professor an der HGB
seit 1974	Gastprofessor an der HGB
	lebt und arbeitet in Leipzig

Heinz Müller [Abb. S. 75]

1924	in Leipzig geboren
	Lehre als Dekorationsmaler
	Kontakt mit Walter Bodenthal
	Besuch der Abendschule
seit 1952	freischaffend als Maler und Grafiker
	lebt und arbeitet in Leipzig

Käte Müller [Abb. S. 53]

1931	in Leipzig geboren
1949-50	Studium an der Kunstgewerbeschule Leipzig
1950-55	Studium an der HGB bei Elisabeth Voigt und Albert Kapr
	lebt und arbeitet in Leipzig

Knut Müller [Abb. S. 52]

1963	in Reichenbach/Vogtland geboren
1984-89	Studium an der HGB bei Dietrich Burger und Arno Rink
1991-93	Meisterschüler bei Dietrich Burger und Arno Rink
1996-99	Zusatzstudium "Elektronische Musik" an der Hochschule „Carl Maria von Weber“ Dresden bei Wilfried Jentzsch
seit 1992	privater Kompositionsunterricht bei Steffen Schleiermacher in Leipzig
	lebt und arbeitet in Leipzig

Gerald Müller-Simon [Abb. S. 29]

1931	in Leipzig geboren
1950-55	Studium an der HGB bei Heinz Wagner
	lebt und arbeitet in Leipzig

Rolf Münzner [Abb. S. 30]

1942	in Geringswalde bei Rochlitz geboren
1962-67	Studium an der HGB bei Fritz Fröhlich, Werner Tübke, Hans Mayer-Foreyt und Gerhard-Kurt Müller
1992	Berufung zum Professor für Freie Grafik an der HGB
	lebt und arbeitet in Geithain

Olaf Nicolai [Abb. S. 27]

1962	in Halle /Saale geboren
1983-88	Studium der Germanistik (Promotion)
	Autodidakt
	lebt und arbeitet in Leipzig

Akos Novaky [Abb. S. 95]

1951	in Sopron/Ungarn geboren
1971-76	Studium an der HGB bei Irmgard Horlbeck-Kappler, Grafik, Kalligraphie und Buchgestaltung
	lebt und arbeitet in Leipzig

Rudolf Oelzner [Abb. S. 63]

1906	in Taucha geboren
1926-29	Studium an der Leipziger Kunstgewerbeschule bei Alfred Thiele
	Studium an der Akademie der Grafischen Künste bei Georg-Alexander Mathey
1985	in Leipzig gestorben

Ulrike und Thomas Oelzner [Abb. S. 56]

1939	Ulrike Luthardt in Steinach/Thüringen geboren
1939	Thomas Oelzner in Leipzig geboren
1960-65	Studium an der Hochschule für Industrielle Formgestaltung Halle, Burg Giebichenstein in den Abteilungen: Schmuck/Metall bei Karl Müller, Email bei Irmtraud Ohme, Skulptur bei Gerhard Lichenfeld
	leben und arbeiten in Schmannewitz

Gudrun Petersdorff [Abb. S. 55]

1955	in Ludwigslust geboren
1976-81	Studium an der HGB bei Hans Mayer-Foreyt und Bernhard Heisig
1989	Meisterschülerin an der Akademie der Künste in Berlin bei Werner Stötzer und seit 1990 bei Dieter Goltzsche
	lebt und arbeitet in Leipzig

Wolfgang Peuker [Abb. S. 24]

1945	in Aussig (heute Tschechien) geboren
1965-70	Studium an der HGB bei Werner Tübke, Harry Blume, Hans Mayer-Foreyt, Bernhard Heisig und Wolfgang Mattheuer
seit 1993	Professor an der Hochschule der Bildenden Künste Berlin/Weisensee
2000	in Berlin verstorben

Hartmut Piniek [Abb. S. 103]

1950	in Wolgast geboren
1979-84	Studium an der HGB bei Arno Rink
1984-87	Meisterschüler von Bernhard Heisig
1992-98	Dozentur für Malerei und Grafik an der HGB
	lebt und arbeitet in Oelzschau bei Leipzig

Gert Pötzschig [Abb. S. 45]

1933	in Leipzig geboren
1950-55	Studium an der HGB bei Elisabeth Voigt, Kurt Massloff und Heinz Wagner
	lebt und arbeitet in Leipzig

Gudrun Pontius [Abb. S. 90]

1944	in Saßnitz geboren
1967-72	Studium an der HGB bei Werner Tübke, Hans Mayer-Foreyt und Wolfgang Mattheuer
1999	in Berlin verstorben

Ulf Puder [Abb. S. 78]

1958	in Leipzig geboren
1984-89	Studium an der HGB bei Dietrich Burger und Bernhard Heisig
	lebt und arbeitet in Leipzig

Neo Rauch [Abb. S. 41]

1960	in Leipzig geboren
1981-86	Studium an der HGB bei Arno Rink
1986-90	Meisterschüler bei Bernhard Heisig
1993-98	Lehrtätigkeit als künstlerischer Assistent an der HGB
	lebt und arbeitet in Leipzig

Ingo Regel [Abb. S. 104]

1951	in Kiebitz/Sachsen geboren
1972-77	Studium an der HGB bei Hans Mayer-Foreyt, Rolf Kuhrt und Arno Rink
	lebt und arbeitet in Leipzig

Günter Richter [Abb. S. 28]

1933	in Meißen geboren
1953-58	Studium an der HGB
	lebt und arbeitet in Leipzig

Hannelore Röhl [Abb. S. 108]

1957	in Nordhausen/Harz geboren
1983-88	Studium an der HGB bei Dietrich Burger, Volker Stelzmann, Walter Libuda, Ulrich Hachulla und Rolf Kuhrt
1988-91	Meisterstudium bei Werner Tübke
	lebt und arbeitet in Leipzig

Christoph Ruckhäberle [Abb. S. 37]

1972	geboren in Pfaffenhofen
1991-92	Zeichentrickstudium am CA. Institut of the Arts Valencia/USA
1995	Studium der Malerei an der HGB Leipzig bei Arno Rink
	lebt und arbeitet in Leipzig

Frank Ruddigkeit [Abb. S. 105]

1939	in Grenzberg/Ostpreußen geboren
1957-62	Studium an der HGB, angewandte Grafik bei Heinz Wagner und Hans Mayer-Foreyt
1981	Ernennung zum Professor für Malerei und Grafik in Halle, Burg Giebichenstein
	lebt und arbeitet in Leipzig

Ingolf Schelhorn [Abb. S. 39]

1934	in Heubisch/Thüringen geboren
1952-54	Studium an der Hochschule für bildende und angewandte Kunst in Berlin-Weisensee bei Theo Balden und Kurt Robbel
	lebt und arbeitet in Leipzig und Narsdorf

Gil Schlesinger [Abb. S. 23]

1931	in Aussig (heute Tschechien) geboren
1960-62	Besuch der Fachschule für angewandte Kunst/Theatermalerei in Leipzig
	lebt und arbeitet in Pfaffenhofen/Ilm

Michael Schmidt [Abb. S. 107]

1963	geboren in Stollberg/Erzgebirge
1992-97	Studium der Malerei und Grafik an der HGB Leipzig bei Arno Rink
1999-2000	Arbeitsstipendium der Konrad Adenauer Stiftung
	lebt und arbeitet in Leipzig

Joachim Scholz [Abb. S. 21]

1934	in Schkeuditz geboren
1958-63	Studium an der HGB bei Heinz Wagner
	lebt und arbeitet in Leipzig

Monika Scholz [Abb. S. 97]

1941	in Leipzig geboren
1961-67	Studium an der HGB bei Bernhard Heisig
	lebt und arbeitet in Leipzig

Annette Schröter [Abb. S. 72]

1956	in Meißen geboren
1977-82	Studium der Malerei an der HGB bei Bernhard Heisig
	lebt und arbeitet in Leipzig

Günter Albert Schulz [Abb. S. 35]

1921	in Stettin geboren
1942-44	Studium an der Staatlichen Akademie für Buchgewerbe und grafische Künste Leipzig bei Hans Soltmann und Bruno Héroux
1959-76	Lehrtätigkeit im Fachbereich Kunsterziehung der Universität Leipzig
	lebt und arbeitet in Leipzig

Marita Schulz [Abb. S. 87]

1950	in Wernigerode geboren
1973	Diplom als Lehrerin für Kunsterziehung an der Universität Leipzig
1980-83	Gaststudium an der Hochschule für industrielle Formgestaltung Halle-Burg Giebichenstein
seit 2000	Lehrtätigkeit an der Akademie für Bauwesen, Technik und Wirtschaft GmbH Leipzig
	lebt und arbeitet in Leipzig

Klaus Schwabe [Abb. S. 57]

1939	in Unterweißbach/Thüringen geboren
1956-60	Studium an der Fachschule für angewandte Kunst in Leipzig
1960-65	Studium an der Hochschule für Bildende Künste Dresden bei Walter Arnold, Gerd Jäger, Gerhard Kettner, Herbert Naumann und Hans Steger
1986-92	Professor für plastisches Gestalten an der Kunstakademie Dresden
	lebt und arbeitet in Leipzig

Otto Berndt Steffen [Abb. S. 58]

1951	in Dornreichenbach geboren
1973-78	Studium an der Hochschule für Bildende Künste Dresden
	lebt und arbeitet in Leipzig

Volker Stelzmann [Abb. S. 81]

1940	in Dresden geboren
1963-68	Studium der Grafik und freien Illustration an der HGB bei Gerhard Kurt Müller, Hans Mayer-Foreyt, Fritz Fröhlich und Harry Blume
1982	Professor an der HGB
1988	Professor an der Hochschule der Künste Berlin
	lebt und arbeitet in Berlin

Peter Sylvester [Abb. S. 59]

1937	in Saalfeld geboren
seit 1955	autodidaktische Studien
1958	Besuch der Abendakademie der HGB
	lebt und arbeitet in Leipzig

Werner Tübke [Abb. S. 51]

1929	in Schönebeck/Elbe geboren
1948-49	Studium an der HGB bei Elisabeth Voigt und Ernst Hassebrauk
1950-52	Studium an der Ernst-Moritz-Universität in Greifswald
1955-91	mit Unterbrechung Lehrtätigkeit an der HGB
seit 1972	Professor (1973-76 Rektor) an der HGB
1985	Dr.h.c. der Universität Leipzig
	lebt und arbeitet in Leipzig

Andreas Wachter [Abb. S. 22]

1961	in Chemnitz geboren
1974-80	Studium an der HGB
	lebt und arbeitet in Erlln

Christiane Wachter [Abb. S. 50]

1966	in Erfurt geboren
1989-94	Studium an der Hochschule für Kunst und Design in Halle, Burg Giebichenstein
	lebt und arbeitet in Erlln

Stefan Thomas Wagner [Abb. S. 99]

1951	in Leipzig geboren
1975-80	Studium an der HGB bei Arno Rink, Bernhard Heisig und Hartwig Ebersbach
1983-86	Zusatzstudium für Grafik an der Hochschule für industrielle Formgestaltung Halle, Burg Giebichenstein bei Frank Ruddigkeit
1989-91	Meisterschüler an der Akademie der Künste Berlin bei Wolfgang Mattheuer
	lebt und arbeitet in Leipzig

Andreas Weissgerber [Abb. S. 88]

1950	in Leipzig geboren
1975-79	Studium an der HGB bei Rolf Kuhrt und Arno Rink
1979-81	Meisterschüler von Bernhard Heisig
	lebt und arbeitet in Leipzig

Heinz Zander [Abb. S. 84]

1939	in Wolfen geboren
1959-64	Studium an der HGB bei Bernhard Heisig
1967-70	Meisterschüler an der Akademie der Künste der DDR in Berlin bei Fritz Cremer
	lebt und arbeitet in Leipzig

Baldwin Zettl [Abb. S. 89]

1943	in Falkenau/Eger (heute Tschechien) geboren
1964-69	Studium an der HGB bei Gerhard Kurt Müller und Rolf Kuhrt
	lebt und arbeitet in Leipzig

Paul Zimmermann [Abb. S. 101]

1920	in Moosbach/Thüringen geboren
1945-49	Studium an der HGB bei Ernst Hassebrauk und Egon Pruggmayer
	lebt und arbeitet in Leipzig

Dem Kundigen wird beim Studium dieses Kataloges aufgefallen sein, dass die Liste der zu nennenden Namen noch unvollständig ist. Das ist auch uns bewusst. Aber es war vorerst nur der hier gegebene Umfang möglich; so wie es auch nicht möglich sein wird, unsere Sammlung in der Kunsthalle der Sparkasse in ihrem vollständigen Umfange zu zeigen. Im Wechsel mit Sonderausstellungen werden daher die rotierenden „Ständigen Ausstellungen" wie ein sich wandelndes Fenster der Öffentlichkeit einen Blick in die Sammlung erlauben. Zusätzlich sind, neben der begonnenen Katalogreihe zu den Ausstellungen, ein Gesamtkatalog der Sammlung und eine Publikation zu den Kunstausstattungen unserer Geschäftsstellen in Vorbereitung.

Impressum:

Herausgeber:	Stadt- und Kreissparkasse Leipzig Unternehmenskommunikation Humboldtstraße 18, 04105 Leipzig Tel. 0341 986-1601, Fax 0341 986-1609 E-Mail: info@sparkasse-leipzig.de
Redaktion:	Dr. Claus Baumann
Gestaltung und Produktion:	wpunktw kommunikation + werbung gmbh, Leipzig
Fotos:	Jürgen Kunstmann
Lithografien:	huth & möller graphische gesellschaft br, Leipzig
Druck:	Jütte-Messedruck Leipzig GmbH
Vertrieb:	(cb) SÄCHSISCHE KUNSTWERK Liviastraße 7, 04105 Leipzig

ISBN 3-9807653-5-0